了不起_的小发明

抽水马桶

〔法〕拉斐尔·费伊特 著/绘

董翀翎 译

中国科学技术大学出版社

很久以前，人们居住的房子里是没有厕所的。在古罗马时代，人们经常一起去公共厕所解决内急。

之后，这些排泄物掉落到通水的管道中，通过地下管道最终流淌到河流里。如此一来，城市里就不会有难闻的气味了。

　　到了中世纪，在欧洲的城市里，人们遗忘了那套排水系统，开始在家里使用便盆。便盆装满之后，就被倒进地窖或者直接泼到大街上！

在乡下，菜园深处修有上厕所用的窝棚。

人们也会在城堡的高塔上修建厕所。不过，那只是在高塔的地砖上挖个洞而已……

于是，什么都顺着城墙掉下去！

　　1592年的一天，英国女王伊丽莎白一世觉得她城堡里的味道太糟糕了，于是她请她的义子——作家约翰·哈灵顿为她做点什么。

　　约翰·哈灵顿思考了很长时间，终于想出来
一个办法。他在屋顶安装了一个水罐，然后让水
顺着管道流到厕所。

当水龙头被打开的时候，水压让干净的水流到厕所，而脏水被排放到屋外的坑里。这是一套非常简单的系统，却非常有效。

　　伊丽莎白女王高兴极了，因为她再也不用忍
受那些可怕的味道了。

她热切地把这项新发明推荐给她的大臣们。

　　不过，这些大臣对此却没什么热情，因为他们完全看不出这有什么意义：臭味一点儿都不会困扰到他们！

其实，除了伊丽莎白女王，没有人欣赏这项新发明。之后在法国，国王路易十四更喜欢使用洞椅。那是一把木质的椅子，椅子中间有个洞，底下放着一个便盆。

丝绒制的坐垫
非常舒适

当国王路易十四接待朋友的时候，他就坐在自己的洞椅上，在他们讨论国家大事的同时……还可以上厕所！

　　1775年，苏格兰人亚历山大·卡明斯提交了
一个带弯管的冲水厕所装置的专利，不过当时这
项发明并没有获得多大成功，因为它使用起来需
要大量的水。

　　而且，在那个时候，自来水还没有通到房子里。住在城市里的人们需要到离家最近的喷泉处取水……

虽然人们也可以雇佣挑夫来送水，不过费用却十分昂贵（所以没有人愿意浪费水去冲厕所）。

　　在巴黎，人们有时会直接去塞纳河打水。不过由于有些人会在河里上厕所，因此河水非常脏。

巴黎变得越来越脏，干净的水也变得越来越贵。于是，奥斯曼男爵决定建立一套现代的下水系统。

谁将拥有美
的下水道？

首先，他们在街道下方挖出了很多隧道。

然后，他们在隧道里安装了粗大的管道，这些管道几乎连通了所有的房屋，这样就可以把脏水排放到巴黎城外的塞纳河里了。

　　男爵还把干净的水引到每家每户……终于通上自来水了。

当水不再是一个难题时，所有的房屋里都安装了厕所，抽水马桶也迅速得到普及。

人们在马桶的顶上安装了一个带拉手的水箱，只要一拉下拉手水就会流下来，法国人常说的"拉马桶"就是从这儿来的。

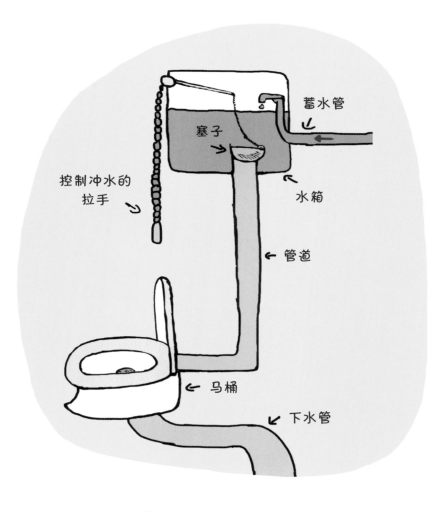

蓄水管

塞子

控制冲水的
拉手

水箱

管道

马桶

下水管

　　当水箱装满水时，塞子会挡住管道口，水箱
里的水不会顺着连接马桶的管道流下来。

向下水道
排放

当我们拉下拉手时，塞子被拉起，水箱里的水就会快速流到马桶里，通过水压把排泄物冲进下水道里!

年复一年，抽水马桶被不断改进。今天，我们不用再拉马桶的拉手了。不过在法国，人们却一直沿用着"拉马桶"这一表述。

把手系统

两个按钮
更加环保

那么你呢？你最喜欢的
抽水马桶
是什么样的呢？

现在你已经了解有关抽水马桶这项发明的
全部知识了!

不过你还记得我们讲过哪些内容吗?

让我们通过"记忆游戏"来检查自己
记住了多少吧!

记忆游戏

1 古罗马人经常在哪里解决内急？

公共厕所

2 中世纪住在城市里的人们经常在哪里倒便盆？

他们把粪便直接泼洒在大街上

3 是谁制造了第一个抽水马桶？

约翰·哈林顿

4 国王路易十四上厕所的椅子叫什么？

便椅

5 为什么两个按钮的马桶更环保呢？

因为可以按需冲水，节约用水，减少了资源浪费，所以更环保

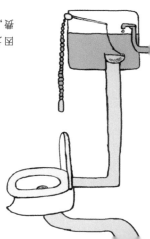

安徽省版权局著作权合同登记号：第12201950号

© La Chasse d'eau, EDITIONS PLAY BAC, Paris, France, 2015
© University of Science and Technology of China Press, China, 2020
Simplified Chinese rights are arranged by Ye ZHANG Agency (www.ye-zhang.com).
本翻译版获得PLAY BAC出版社授权，仅限在中华人民共和国境内（香港、澳门及台湾地区除外）销售，版权所有，翻印必究。

图书在版编目（CIP）数据

了不起的小发明.抽水马桶/（法）拉斐尔·费伊特著绘；董翀翎译. —合肥：中国科学技术大学出版社，2020.8
ISBN 978-7-312-04935-4

Ⅰ. 了…　Ⅱ.①拉…　②董…　Ⅲ. 创造发明—世界—儿童读物　Ⅳ. N19-49

中国版本图书馆CIP数据核字（2020）第068260号

出版	中国科学技术大学出版社
	安徽省合肥市金寨路96号，230026
	http://press.ustc.edu.cn
	https://zgkxjsdxcbs.tmall.com
印刷	鹤山雅图仕印刷有限公司
发行	中国科学技术大学出版社
经销	全国新华书店
开本	710 mm × 1000 mm　1/16
印张	2
字数	25千
版次	2020年8月第1版
印次	2020年8月第1次印刷
定价	28.00元